AF359546

URGENCE

DU

REBOISEMENT

IMMÉDIAT

DES MONTAGNES

Par A. TINARRAN

Les bois gardent l'eau ;
L'eau fait les prés ;
Les prés, le troupeau ;
Le troupeau, l'engrais ;
Et l'engrais, le blé.

BORDEAUX

IMPRIMERIE G. GOUNOUILHOU

11 — RUE GUIRAUDE — 11

1882

A Messieurs Louis et François UZAC.

Chers Amis,

Permettez-moi de vous dédier ce petit opuscule, qui est bien un peu vôtre, puisque c'est grâce à vos encouragements qu'il a été écrit.

M'inspirant de vos conseils, j'ai cherché, tout en indiquant quels sont les moyens d'exécution à adopter pour assurer la grande mesure du reboisement et concilier l'intérêt forestier avec des intérêts aujourd'hui rivaux,

J'ai cherché, dis-je, a grouper tous les faits qui se rattachent à cette question difficile et complexe, de manière à faire apprécier et à rendre palpable, s'il est possible, l'utilité réelle des forêts d'après les fonctions diverses qu'elles peuvent remplir, et à déterminer la place naturelle qu'elles doivent occuper dans l'ordre économique des sociétés actuelles.

C'est au double titre de collaborateurs et d'amis, que je vous prie de vouloir bien agréer l'hommage de mon travail sur l'urgence du reboisement des montagnes.

A. T.

Paris, le 20 Décembre 1881.

AVANT-PROPOS

On reconnaît que la question du reboisement des montagnes, qui avait été en 1848 l'objet de vives sollicitudes, a été bientôt atteinte par l'indifférence, pour ne pas dire presque entièrement abandonnée.

Ce résultat, auquel les préoccupations politiques ne sont pas étrangères, tient surtout aux difficultés inhérentes à la question et aux obstacles qu'elle doit rencontrer dans l'exécution.

Aujourd'hui, cette question est toute d'actualité, et le gouvernement comprend que le reboisement des montagnes est non seulement une œuvre de salut public, mais il sait également que la reconstitution des forêts créera, pour le pays, une des sources les plus importantes et les moins connues de la richesse publique.

Me plaçant à un point de vue pratique et économique en même temps, j'ai cherché, tout en traçant succinctement un tableau saisissant des immenses ruines accumulées sur nos montagnes par le fait du déboisement, à faire apprécier et ressortir toute l'influence qu'exercera le reboisement sur certaines industries de notre pays.

En écrivant ces quelques pages, je n'ai nullement l'intention d'avoir épuisé un sujet aussi complexe et touchant à tant d'intérêts divers; mais mon but sera atteint si j'ai seulement réussi à en faire entrevoir l'importance, et je m'estimerai heureux, si j'ai pu attirer sur lui l'attention du public éclairé.

A défaut d'autre mérite, ce travail aura celui de l'opportunité; car la question du reboisement commence à sortir depuis quelque temps de l'obscurité dont elle était entourée, en attendant la réalisation prochaine de la solution demandée depuis si longtemps.

URGENCE

REBOISEMENT IMMÉDIAT

DES MONTAGNES

CHAPITRE I

LE REBOISEMENT EST UNE QUESTION D'UTILITÉ PUBLIQUE

Lorsqu'on se transporte sur le point le plus culminant des Alpes et des Pyrénées, la vue embrasse un horizon immense. De cet observatoire l'on peut juger et apprécier l'ensemble, la grandeur et l'immensité des ruines accumulées sur ces malheureux pays; ruines produites par le fait du déboisement des montagnes, et qui, si elles ne sont promptement arrêtées, menacent de changer en un désert toute cette contrée couverte autrefois d'une luxuriante végétation.

La dégradation dans les Pyrénées et surtout dans les Alpes se poursuit avec une rapidité tellement effrayante qu'il suffit de quelques années pour changer complètement l'aspect des lieux, et transformer en rocs décharnés ou ravins pierreux des terrains autrefois gazonnés et plantés.

Le mal est grand, très grand, mais il n'est pas irrémédiable.

Au premier aspect l'esprit s'effraye à l'idée de réparer cette dévastation, ces ruines, ce chaos, et le sentiment qui domine d'abord est celui du découragement.

Certes, il ne faut pas se le dissimuler, c'est une lourde tâche que d'entreprendre de mener à bien un travail aussi gigantesque.

Cependant une observation plus attentive et plus circonscrite des lieux et des résultats déjà obtenus en quelques points ne tarde pas à modifier cette première impression, et en réfléchissant sur la puissance de l'homme soutenu par une bonne méthode et aidé par le temps, on arrive peu à peu à l'espoir bien fondé du succès.

Si le temps est un des grands éléments de la question, la bonne méthode qui coordonnera les travaux et leur imprimera l'unité indispensable n'est pas moins importante.

Nous n'avons pas l'intention, en écrivant ces quelques pages, de détailler tout le mal qui existe dans les diverses régions des Pyrénées et des Alpes. De nombreux ouvrages publiés à différentes époques ont fait un historique saisissant du mal causé par les nombreuses inondations qui se sont produites depuis quarante ans sur les divers points de la France; inondations qui étaient les conséquences inévitables du déboisement des montagnes; conséquences qui ont forcé les populations à émigrer des lieux qu'elles habitaient.

Notre but, nous le répétons, n'est pas de nous étendre longuement sur des désastres qu'on ne peut révoquer en doute, et qui malheureusement menacent de s'accumuler les uns sur les autres.

Ce que nous voulons, c'est, après avoir fait un historique d'ensemble de la situation actuelle, indiquer les moyens pratiques qu'il faut mettre en œuvre pour arrêter le fléau, réparer les désastres causés jusqu'à ce jour, et créer par ce moyen un obstacle invincible à la formation des torrents dévastateurs.

Le reboisement est certainement l'obstacle le plus efficace qu'on puisse opposer aux inondations : de tous les moyens de les prévenir, c'est le moins coûteux, et il offre de plus sur tous les autres l'inappréciable avantage de se conserver et de se multiplier de lui-même.

Il ne faut pas croire que les effets du reboisement soient aussi longs à se faire sentir qu'on pourrait le supposer.

Pour qu'ils se manifestent, il n'est pas nécessaire que les arbres aient acquis toutes leurs dimensions; dès l'âge de quatre ou cinq ans ils ont déjà toute leur efficacité marquée. Chaque reboisement effectué sur les pentes ou les plateaux est en quelque sorte une conquête faite sur le domaine du fléau et une réduction dans les ravages qu'il peut faire.

Il n'y a plus un instant à perdre pour commencer et poursuivre sans relâche, jusqu'à son entier achèvement, le reboisement des Alpes et des Pyrénées. Si l'on veut obtenir immédiatement des résultats marqués, il faut, dès le début, concentrer tous les efforts sur les périmètres convenablement choisis, y pousser les travaux avec toute la vigueur possible, et, en fait de soins, ne rien négliger pour que la végétation gagnant de vitesse sur la dénudation recouvre rapidement le sol d'un abri protecteur.

La méthode n'est pas seulement nécessaire dans la désignation des périmètres, elle doit aussi présider à l'exécution des travaux dans chacun d'eux.

Une fois fixé sur la meilleure méthode pour y parvenir, il est non moins urgent de se préparer les moyens d'action et de se créer par l'établissement de pépinières locales les ressources dont on aura besoin plus tard; sinon, on s'expose, le moment d'agir venu, à se trouver dans l'obligation d'employer des plants mal appropriés, de mauvaise qualité, et, par ce seul fait, à faire échouer le plan d'ensemble le plus habilement conçu.

Le cadre de notre travail ne comporte pas une revue rétrospective de toutes les lois de reboisement édictées depuis Colbert et Turgot jusqu'à celles du 28 juillet 1860 et du 8 juin 1864 qui nous régissent aujourd'hui. Toutes sont incomplètes, et nous constatons que ces dernières n'ont donné jusqu'à ce jour que des résultats négatifs, parce que leur application est contraire au droit et à l'équité.

A envisager la question à un point de vue absolu d'après la lettre et l'esprit de la loi du 8 juin 1864, deux moyens se présentent pour opérer le reboisement :

1º Forcer purement et simplement les propriétaires des terrains à les reboiser, sauf, en cas de refus ou d'impossibilité de leur part, à le faire à leurs frais;

2º Faire contribuer l'État, au moyen de primes et d'exemptions d'impôts, aux dépenses de ces reboisements.

Ces deux moyens présentent dans leur application des difficultés sans nombre : non seulement la presque totalité des communes et des particuliers sont dans l'impossibilité d'exécuter des travaux qui nécessitent des capitaux disponibles assez considérables, mais, en admettant qu'ils aient les ressources suffisantes, il n'y aurait en aucune façon lieu de compter sur leur bonne volonté.

Il faudrait donc les contraindre, ce qui nécessiterait de la part du gouvernement une intervention constante et toujours fâcheuse dans la gestion de leurs biens.

Le principe de l'exemption de l'impôt, depuis longtemps inscrit dans la loi pour les travaux de ce genre, n'a produit aucun résultat.

Le seul moyen pratique à employer, c'est de procéder à l'expropriation de tous les terrains à reboiser pour cause d'utilité publique, et charger exclusivement l'État, pour son propre compte, de l'exécution des travaux.

La consolidation des montagnes est un grand acte réparateur, une œuvre de salut public, qui doit être à la charge de l'État. C'est à cette conséquence, du moins, qu'on est forcément conduit, quand on s'en tient à la question de principe.

La nécessité du reboisement paraît être généralement reconnue.

Nous entendons par reboisement toutes les plantations qui doivent remplir les vides de notre sol forestier actuel, et celles que l'intérêt public rend nécessaires sur des terrains aujourd'hui dénudés et non soumis au régime forestier.

Aux yeux mêmes de l'économiste, le reboisement doit être une question d'utilité publique. Les forêts exercent sur les phénomènes atmosphériques une influence qui réagit sur le climat, et par conséquent sur l'agriculture du pays. Mais si on n'abandonne pas complètement cette grande mesure d'utilité publique, on l'ajourne définitivement en présence des intérêts qui s'y opposent et des difficultés d'exécution.

Parmi ces intérêts, celui dont on s'alarme le plus et qu'on met toujours en avant, parce qu'il a vécu longtemps dans les habitudes de jouissance passive, c'est le pâturage.

Faut-il sacrifier le reboisement à cet intérêt qui voudrait se rendre exclusif?

Je crois qu'il est possible de concilier ces deux intérêts qui, toutes choses bien appréciées, doivent avoir un même but : la conservation du sol, sans lequel il ne peut y avoir ni bois ni végétation quelconque.

Les montagnes, par leurs dispositions en cimes et en plateaux, en pentes plus ou moins abruptes et diversement exposées, présentent une distribution naturelle entre les bois et les pacages.

C'est à l'État seul qu'incombe la tâche délicate de concilier ces deux intérêts, double condition de vie et de sécurité pour nos vallées, partage équitable et obligé pour le maintien de la société entre les nécessités actuelles et les besoins des générations futures.

Comme point principal, il faut que le pâturage soit déterminé d'après les besoins exclusifs des habitants et ne dégénère pas en une industrie ruineuse pratiquée sur une très large échelle.

Il est de notoriété publique, dans les Pyrénées comme dans les Alpes, que la surcharge des animaux qui dévorent les montagnes n'est due qu'aux troupeaux étrangers qui y sont introduits en payant une taxe par tête.

En droit rigoureux, cette faculté de pacage ne peut et ne doit appartenir qu'aux habitants. En empêchant les troupeaux étrangers de venir pacager dans nos montagnes, l'industrie pastorale française prendra un plus grand développement et trouvera de vastes terrains où elle pourra exercer librement ses droits, soit dans les bois défensables, soit dans la presque totalité des terrains dénudés, tant que ces terrains ne seront pas l'objet d'un reboisement.

La question forestière peut se concilier, telle est notre conviction, avec l'intérêt pastoral.

Si ce dernier se montre exclusif, c'est qu'il n'est pas suffisamment éclairé sur les avantages qui se rattachent à l'existence des forêts. Le meilleur moyen de prouver et de rendre tangibles tous les avantages qui résultent du reboisement des montagnes, c'est d'abandonner le système de plantation appliqué aujourd'hui sur une échelle lilliputienne, et d'entreprendre ces travaux sur un vaste plan, en faisant concourir l'industrie privée à son exécution, sous le contrôle et la surveillance des agents forestiers.

On peut arriver dans un très bref délai à former un personnel et à créer un outillage permettant de reboiser plus de dix mille hectares chaque année.

Devant le fait accompli, les populations des Alpes et des Pyrénées, plus intelligentes qu'on ne le suppose généralement, apprécieront à leur juste valeur ces améliorations progressives et verront que, si d'une part on paraît leur enlever la possession éphémère de quelques terrains presque stériles au profit de la richesse du pays, de l'autre, les produits destinés à leurs troupeaux auront augmenté en quantité et en qualité sur un sol moins étendu peut-être, mais toujours plus fertile.

CHAPITRE II

ACTION DES FORÊTS SUR LE RÉGIME DES EAUX
ET LEUR INFLUENCE SUR LES PHÉNOMÈNES ATMOSPHÉRIQUES

Si nous cherchons à nous rendre compte du rôle que les forêts remplissent actuellement, nous voyons qu'il présente un double caractère : résultat, d'un côté, de l'action qu'elles exercent au point de vue climatologique; de l'autre, des produits directs et matériels qu'elles fournissent.

Dans certains cas aussi, les forêts ont sur la santé publique une influence des plus bienfaisantes.

L'action des forêts sur le régime des eaux ne peut faire l'objet d'aucun doute. Il est aisé de prouver que la présence des bois a, dans certaines conditions, pour effet de conserver les sources, de régulariser les cours d'eau, d'entraver la formation des torrents; et, le cas échéant, d'empêcher les inondations, ou tout au moins d'en diminuer les ravages.

Il est constant, en outre, que les forêts arrêtent les courants atmosphériques et en diminuent la violence. Elles agissent dans ce cas comme abri, et contribuent souvent à conserver à l'agriculture des terrains immenses, qui, sans elles, eussent été envahis par les sables, ou stérilisés par les vents de la mer.

Ce sont les plantations de pins maritimes qui seuls ont pu fixer les dunes de Gascogne, arrêter un envahissement que tous les efforts avaient été impuissants à prévenir, et empêcher nos deux départements des Landes et de la Gironde d'être un jour engloutis sous les flots de sable de cette marée toujours montante.

En examinant la question à un autre point de vue, n'est-ce pas aussi au déboisement des Cévennes, effectué sous le règne d'Auguste, que la vallée du Rhône doit d'être exposée aujourd'hui aux rafales du mistral?

Ce vent, qui vient du Nord-Ouest, exerce de tels ravages que, dès l'origine, il fut regardé comme un fléau du ciel.

Reboisez les Cévennes et vous constaterez que la violence du mistral diminuera chaque année à mesure que les arbres grandiront.

Lorsque ces forêts seront arrivées à l'état de futaie, le fléau aura disparu; et l'ouragan, transformé en une brise fraîche et agréable, fera sentir sa salutaire influence sur la santé publique et rendra toute la vallée du Rhône des plus agréables à habiter.

De ce qui précède il se dégage un fait incontestable et indiscutable à tous les points de vue : c'est que, lorsqu'une forêt protège une localité contre les vents froids, elle contribue à en élever la température, et, si elle vient à disparaître, un refroidissement s'y produit infailliblement.

Ainsi on a constaté, par exemple, que le département de l'Ardèche, qui ne renferme plus aujourd'hui un seul bois considérable, a éprouvé depuis quarante ans une perturbation climatérique, dont les gelées tardives autrefois inconnues dans le pays sont l'un des effets les plus funestes.

La même remarque a été faite dans la plaine d'Alsace à la suite de la dénudation de plusieurs crêtes des Vosges.

Comme preuve à l'appui des faits que j'avance, je citerai un passage de l'intéressant travail publié par M. Baude, de l'Institut, dans la *Revue des Deux-Mondes*, le 15 janvier 1859, intitulé : *Les Côtes de la Manche.*

« L'observateur placé sur le clocher célèbre de la cathédrale » d'Anvers n'apercevait naguère sur la rive opposée de » l'Escaut qu'une vaste plaine désolée; il croit y voir aujour-

» d'hui une forêt dont les limites se confondent avec celles de
» l'horizon. Qu'il pénètre sous ces ombrages : La forêt
» apparente est un ensemble régulier de lignes d'arbres dont
» le plus âgé n'a pas quarante ans.

» Ces plantations ont corrigé le régime atmosphérique qui
» frappait de stérilité la place qu'elles occupent. Quand l'orage
» en secoue violemment les cimes, l'air demeure calme un
» peu plus bas, et des sables bien plus maigres que le plateau
» de la Hogue se sont transformés sous sa protection en
» champs fertiles.

» Ce qui s'est fait en Flandre peut se faire en Normandie,
» et qu'on ne prétende pas que de semblables rideaux de
» verdure ne se formeraient pas à la Hogue.

» Comme pour démentir un préjugé que l'incurie propage
» pour sa justification, un habitant du Dauphiné, devenu vers
» la fin du siècle dernier propriétaire du château de Beaumont,
» a planté tout à côté, sur l'arête même de la presqu'île, un
» bois de 5o hectares qui est une protestation vivante en faveur
» de l'aptitude à nourrir des plantations qu'on prétend dénier
» à ce territoire.

» Le bois de Beaumont porte, il est vrai, les marques des
» combats qu'il soutient, mais la victoire n'en est pas moins
» constatée. Le rang d'arbres qui reçoit le premier choc des
» vents du Nord est bas et rabougri; le second dépasse et
» forme avec ceux qui suivent un talus de feuillage au sommet
» duquel la végétation prend son niveau régulier. »

S'il est constaté que les massifs boisés contribuent à la
conservation des cours d'eau, au maintien des terres sur
les pentes; s'ils fixent les sables mouvants, protègent les
cultures contre la violence des ouragans; si enfin ils rendent
aux contrées marécageuses une salubrité qui leur manque,
il faut en conclure que le déboisement de certaines contrées
suffit à les rendre inhabitables, tandis que, dans d'autres, un
reboisement bien entendu en améliorerait sensiblement la
situation économique.

Les grands déserts de l'intérieur de l'Asie et de l'Afrique sont la conséquence du complet déboisement de ces contrées, où la végétation n'apparaît que dans de rares oasis qu'on rencontre de loin en loin perdues au milieu de ces sables arides. Tous ces immenses déserts sont frappés de stérilité depuis des siècles, et la disparition des bois de toutes parts a occasionné un excès de sécheresse qui les rend inhabitables. Ce sol sans abri et sans humidité, privé des éléments nécessaires à la végétation, se décompose et se pulvérise sous l'action d'un soleil brûlant, et l'air plus sec, plus dévorant, attaque dans l'homme les sources de la vie.

Buffon avait déjà reconnu que la fertilité de la terre diminue avec la destruction des bois, parce que les végétaux, en se pourrissant, rendent à la terre plus qu'ils n'en ont tiré, et qu'une forêt détermine les eaux de la pluie en arrêtant les vapeurs.

« Les animaux, dit ce grand naturaliste, rendent moins à la
» terre qu'ils n'en retirent, et, les hommes faisant des consom-
» mations énormes de bois et de plantes pour le feu et d'autres
» usages, il s'en suit que la couche de terre végétale d'un pays
» habité doit toujours diminuer et devenir enfin comme le
» terrain de l'Arabie pétrée et comme celui de tant d'autres
» provinces de l'Orient qui est en effet le climat le plus ancien-
» nement habité, où l'on ne trouve que du sel et des sables. »

Des études comparatives ont démontré d'une façon incontestable qu'il pleut davantage dans un pays boisé que dans un pays découvert.

M. Boussingault déclare que, pour lui, il est constant qu'un défrichement très étendu diminue la quantité annuelle de pluie qui tombe sur une contrée : « Dans le Choco, dit-il, dont le
» sol est couvert de forêts, il pleut presque toujours. Sur la
» côte du Pérou, dont le terrain est sablonneux, dénué d'arbres,
» privé de verdure, il ne pleut presque jamais, et cela sous un
» climat qui jouit de la même température et dont le relief
» et la distance aux montagnes sont à peu près les mêmes. »

Partout où les forêts ont été abattues sur une grande échelle, les eaux superficielles ont diminué, les sources ont tari, la terre a perdu sa fertilité!

Sénèque avait déjà remarqué cette espèce d'harmonie qui existe entre les conditions hydrométriques de l'atmosphère, la fertilité du sol, et le volume des eaux qui surgissent ou qui coulent à la surface de la terre.

« L'Éthiopie, dit-il, n'est qu'un désert aride, et l'intérieur » de l'Afrique n'offre qu'un petit nombre de sources parce que » le ciel y est brûlant et presque toujours sans nuages. On n'y » voit donc que de tristes plaines de sable, point d'arbres, » point de culture, point de pluies, ou bien des pluies légères, » que le sol absorbe en un moment. »

Bernardin de Saint-Pierre avait signalé les effets du déboisement dans l'île de France :

« C'est pour avoir détruit, dit-il, une partie des arbres qui » couronnent les hauteurs de cette île, qu'on a fait tarir la » plupart des ruisseaux qui l'arrosaient. Il n'en reste plus » aujourd'hui que le canal desséché. »

M. Héricart de Thury, dans un rapport à la Société centrale d'Agriculture, cite le fait suivant :

« Avant de tomber au pouvoir des Vénitiens, la Dalmatie » comptait deux millions d'habitants. Ses montagnes étaient » couvertes d'antiques forêts, et leurs vallées renommées par » leur fertilité. Les Vénitiens ayant détruit les forêts pour les » besoins de la marine, les montagnes n'offrent plus que des » pics dénudés, le pays n'a plus que 200,000 habitants, et il » peut à peine les nourrir; le déboisement des hauteurs a frappé » de stérilité le sol des vallées par le tarissement des sources » et l'action des vents desséchants. »

Partout le danger est en rapport avec les progrès du déboisement. Généralement, le déboisement des montagnes prépare et produit partout les mêmes calamités.

Le sol, n'étant plus protégé, se décompose rapidement, s'écroule par pièces ou tombe en poussière. La roche ainsi dénudée ne résiste plus à l'action des météores : ses débris descendent par leur propre pesanteur, ou bondissent avec fracas poussés par les flots qui les entraînent dans les bassins et dans les vallées, et bientôt, comme les Alpes, les Pyrénées et d'autres montagnes en offrent le douloureux spectacle, les champs, les prés, les héritages même, successivement envahis par le torrent destructeur, ne présentent plus qu'une plage désolée, l'empire de la solitude et de la stérilité.

CHAPITRE III

OEUVRE FORESTIÈRE A ACCOMPLIR DANS NOTRE COLONIE
ALGÉRIENNE

Le climat de l'Algérie est complètement modifié par le fait
du déboisement du sol.

M. Hardy, ancien directeur de la pépinière centrale à Alger,
dans un mémoire intitulé : *Notes climatologiques sur l'Algérie
au point de vue agricole,* déclare que le pays ne sera rendu
fertile qu'à la condition de le couvrir d'abris en boisant d'une
manière compacte le tiers de sa surface, d'emprisonner les
eaux courantes et de les consacrer à l'agriculture; que ces
moyens, déjà éprouvés dans nos contrées méridionales et dans
l'Algérie elle-même, doivent attirer toute l'attention des colons
et du gouvernement; qu'enfin les abris préserveront les
végétaux placés sous leur protection du choc direct des
vents froids et secs, rendront moins variable la température de
l'hiver, modèreront l'évaporation, et prolongeront la durée
de la saison végétative des plantes herbacées.

Puisque tous les regards sont aujourd'hui fixés sur cette
magnifique colonie par les événements qui se passent dans le
sud Oranais, nous croyons pouvoir affirmer qu'il est de la
plus urgente nécessité de faire, concurremment avec le chemin
de fer des Hauts-Plateaux, des plantations de palmiers mélangés
d'eucalyptus.

Ces diverses plantations, qui peuvent paraître aujourd'hui
inutiles aux yeux de bien des personnes, joueront un très grand
rôle dans un temps très rapproché. Elles transformeront ces

lieux arides et brûlés par le soleil en autant d'endroits ombragés, où la végétation prendra un rapide développement; et l'on verra, dès que ces plantations seront achevées, les colons venir s'y fixer et étendre le rayon de leur culture à mesure que les forêts prendront un plus grand développement.

Si l'État comprend l'importance véritable que les forêts sont appelées à jouer dans ces pays arides, brûlés par un soleil torride et exposés à l'action desséchante des vents du désert, il s'empressera de planter la plus grande partie de cette contrée, de façon à créer des oasis espacées à quelques kilomètres les unes des autres.

On nous objectera peut-être que la réussite de ces plantations dépend de l'arrosage, et que l'eau manquant absolument ce serait de l'argent inutilement dépensé.

A cela nous répondrons : qu'on peut facilement perforer des puits artésiens, et au moyen de petits tuyaux en terre conduire à chaque pied d'arbre un petit filet d'eau, de façon à lui assurer une reprise certaine.

A quoi sert la conquête d'un pays si ce pays doit toujours rester un désert?

La civilisation ne pénètre que dans les contrées où l'homme est assuré de trouver un sol propre à la culture et à l'élevage des animaux. Grâce aux forêts, l'homme trouve sa demeure prête et sa subsistance assurée. — Elles doivent le précéder comme une avant-garde indispensable; car partout où elles n'ont pas pris pied, il n'a jamais pu se fixer d'une manière permanente. Les vastes déserts de l'Afrique, les steppes de l'Asie, les pampas de l'Amérique méridionale et les solitudes glacées des Pôles, restés rebelles à la végétation forestière, ont également résisté jusqu'à ce jour à toute tentative d'habitation.

Lorsque ces arbres auront atteint une certaine élévation, ils détermineront les eaux de la pluie en arrêtant les vapeurs, et l'on verra bientôt jaillir des sources nombreuses sur ces terrains autrefois si secs et si arides.

Les sources doivent leur origine aux eaux pluviales qui pénètrent le sol. Les eaux pluviales s'infiltrent très lentement; on conçoit dès lors comment les terrains couverts et abrités doivent fournir à ces infiltrations une quantité d'eau considérable, tandis que les terrains découverts en perdent la plus grande partie par l'évaporation.

Les forêts concourent donc à l'alimentation des sources, en abritant le sol, en diminuant les effets de l'évaporation, et en facilitant ainsi l'infiltration des eaux pluviales.

L'action des forêts sur les pluies, conséquence de celle qu'elles exercent sur la température, est parfaitement accusée dans les pays chauds, et constatée par de nombreux exemples.

M. Boussingault rapporte que dans la région comprise entre la baie de Cupica et le golfe de Guayaquil, région couverte de forêts immenses, les pluies sont presque continuelles, et que la température moyenne de cette contrée humide s'élève à peine au-dessus de 26 degrés.

A l'île Sainte-Hélène, où la surface boisée a considérablement augmenté depuis quelques années, on a remarqué que la quantité de pluie s'était accrue dans la même proportion; elle est aujourd'hui le double de ce qu'elle était pendant le séjour de Napoléon. En Égypte enfin, des plantations récentes ont amené des pluies à peu près inconnues jusqu'alors.

Le fait contraire se produit dans les pays déboisés.

M. Blanqui dans son voyage en Bulgarie, raconte qu'à Malte les pluies étaient devenues si rares depuis qu'on avait fait disparaître les arbres pour étendre la culture du coton, qu'à l'époque de son passage (octobre 1841), *il n'y était pas tombé* UNE GOUTTE D'EAU DEPUIS TROIS ANS.

Les affreuses sécheresses qui désolent les îles du Cap-Vert doivent également être attribuées au déboisement.

L'évaporation se produit, on le sait, à toutes les températures, mais avec plus ou moins d'intensité, toutes les fois que l'air ambiant n'est pas saturé d'humidité.

Toutes choses égales d'ailleurs, elle est beaucoup plus considérable lorsque le terrain est dénudé que lorsqu'il est couvert de forêts; celles-ci, arrêtant l'action du vent, empêchent les couches d'air de se renouveler une fois qu'elles sont saturées, et les maintiennent à une température inférieure en entravant l'irradiation solaire. En diminuant la quantité d'eau évaporée, elles augmentent par conséquent ce qui reste disponible pour l'absorption. Il est inutile, au reste, d'insister sur un fait dont tout le monde a pu se convaincre; personne n'ignore qu'après les pluies le sol des forêts reste beaucoup plus longtemps humide que celui des parties découvertes.

Parmi les faits nombreux qui constatent cette influence des forêts sur la production des sources et le régime des eaux, nous nous bornerons à citer le suivant qui nous paraît caractéristique.

« Quand Napoléon fut conduit à l'île Sainte-Hélène, dit » M. Blanqui, les Anglais comprirent la nécessité de s'emparer » de l'île de l'Ascension, qui n'était qu'un rocher stérile, à » peine couvert de quelques cryptogames, et ils y établirent » une compagnie de cent hommes. Au bout de dix ans, cette » petite garnison était parvenue, à force de persévérance et de » plantations, à créer un sol dans l'île et à faire jaillir de l'eau. » Elle était abondamment pourvue de légumes. Voilà ce qu'ont » produit les plantations sur un rocher au milieu de l'Océan. »

Nous croyons que ces faits, confirmés par l'observation, ne peuvent être mis en doute.

De la province d'Oran à celle de Constantine il n'y a qu'un pas à franchir, et je ne puis m'empêcher de jeter un regard désolé sur les magnifiques forêts de chênes-lièges situées dans cette province.

Ces forêts, deux fois séculaires et régulièrement incendiées chaque année, sont menacées à bref délai d'une destruction générale, si le gouvernement ne prend pas dès ce jour les dispositions nécessaires pour faire disparaître à jamais ce terrible fléau.

Si l'État comprenait toute l'importance des forêts sur l'avenir de notre colonie, non seulement il ne négligerait rien pour conserver les bois existants, mais il chercherait à augmenter chaque année cette contenance par de nouvelles plantations.

L'étendue de ces forêts de chênes-lièges est ou plutôt était avant les incendies de *trois cent mille hectares.*

Il n'existe pas dans le monde entier une richesse forestière de cette nature qui puisse lui être comparée.

D'après M. Barral, le revenu des forêts de notre colonie africaine, après les travaux d'une exploitation rationnelle, doit atteindre le chiffre de *quarante-cinq millions.*

Les lièges algériens se vendent à Marseille à destination d'Espagne de soixante à soixante-dix francs les cent kilogrammes. Il a été passé des marchés avec les négociants de Bordeaux à raison de *soixante-dix-huit francs à quatre-vingt-dix francs les cent kilogrammes,* suivant qualité.

Ces chiffres n'ont rien d'exagéré; je puis même affirmer qu'en se basant sur le rendement ordinaire d'une forêt de chênes-lièges en pleine exploitation on arrive à un total bien plus élevé.

M. Clavé estime le rendement annuel d'un hectare de chênes-lièges à près de trois cents kilogrammes donnant un bénéfice net de *cent francs.*

M. Rousset l'a porté pour les forêts d'Algérie au chiffre de 93 fr. 86 c.

Il y a là de quoi faire réfléchir et de quoi stimuler l'industrie privée; il y a surtout plus d'un motif pour déterminer l'État à prendre immédiatement des mesures radicales en vue de la conservation des forêts qui restent encore, en empêchant le retour de ces terribles incendies qui dévorent régulièrement chaque année des milliers d'hectares de chênes-lièges.

Que faut-il faire pour obtenir des résultats immédiats?

Il suffit de vouloir; mais de bien vouloir.

Lorsqu'une volonté bien ferme aura marqué le but qu'on veut atteindre, non seulement on pourra arrêter le fléau dévastateur, mais encore créer une œuvre féconde de bien public qui aura ce double avantage :

1° De conserver ces richesses forestières tout en les augmentant ;

2° D'assurer chaque année au Trésor des revenus considérables.

Le débroussaillement résoudra la question des incendies. Tant que des surfaces immenses seront couvertes des matières les plus inflammables, il y aura toujours à craindre le feu ; tant que les chênes-lièges seront étouffés par les bruyères, il sera impossible d'attendre leur régénération et d'espérer des repeuplements.

Débroussailler les forêts de chênes-lièges, c'est donc à la fois les mettre en sécurité et en valeur. L'État ne saurait y consacrer trop de ressources, car de ce travail dépend la conservation ou l'anéantissement à bref délai de toutes ces forêts.

Cette opération bien conduite ne tarde pas à produire des effets merveilleux. Les jeunes brins de chêne, perdus jusqu'alors dans d'impénétrables fourrés, semblent surgir comme par enchantement, on croirait presque à une génération spontanée, en réalité il n'y a qu'une résurrection des bonnes essences opprimées par les mauvaises.

Je ne saurais trop insister sur ce point, que la réussite de ce projet est entièrement subordonnée à la volonté de l'État.

Vouloir c'est pouvoir.

Qu'à la rentrée des Chambres on fasse un exposé très lucide et surtout très véridique de la situation actuelle des forêts situées en Algérie, et je suis persuadé que le parlement votera d'enthousiasme les fonds nécessaires pour l'exécution rapide de ces travaux de conservation.

En faisant appel à l'industrie privée, soit par voie d'adjudication, soit par des traités de gré à gré, je crois pouvoir affirmer que le débroussaillement peut être entièrement terminé dans deux ans au plus tard. Une fois ce travail achevé, l'État n'aura plus qu'à organiser des brigades ambulantes bien installées dans les différentes parties de ces forêts.

Ces brigades seront chargées, sous la direction des agents forestiers, de la surveillance et de l'entretien. Cet entretien n'offre aucune espèce de difficulté et peut se faire d'une façon très économique.

Si, comme je n'en doute pas un seul instant, le gouvernement de la République décrète l'exécution immédiate de cette œuvre si importante, le jour n'est pas loin où notre belle colonie, délivrée pour jamais d'un fléau qui fait honte à notre civilisation, pourra, tout en conservant et en améliorant ces forêts séculaires, en décupler la contenance par de nouvelles plantations, et devenir en même temps le réservoir de grandes richesses forestières et le théâtre de toute une transformation agricole.

CHAPITRE IV

CONSÉQUENCES DÉSASTREUSES DU DÉBOISEMENT DES MONTAGNES

Après cette courte incursion dans notre belle colonie africaine, si délaissée jusqu'à ce jour, et qui devrait être depuis bien des années le grenier d'abondance de la mère-patrie, nous rentrons dans le cadre de notre travail et croyons pouvoir affirmer, avec raison, que le reboisement est une branche de l'agriculture, et une branche d'autant plus précieuse qu'elle contribue à la mise en rapport des terrains même qui paraissent les moins propres à la végétation.

Il n'est pas, en effet, sauf le roc nu ou l'argile pure, de sol si aride ou si marécageux, si brûlant ou si froid, si meuble ou si compact, qui ne puisse convenir à la culture de quelqu'une de nos essences forestières.

L'aune, le saule, le bouleau prospèrent dans les terrains les plus humides; le pin sylvestre, le pin d'Alep, l'acacia et l'ailanthe dans les plus secs; le mélèze et le cimbro se plaisent sur les sommets neigeux des Alpes et des Pyrénées. Il n'est pour ainsi dire pas un coin de notre globe dont la sylviculture ne puisse tirer parti.

Ainsi que nous l'avons dit au début de ce travail, le mal est grand, très grand. Il faut donc se hâter de l'arrêter et d'empêcher la production de nouveaux désastres en commençant de suite les travaux sur une grande échelle.

Pour se faire une idée bien exacte de la situation actuelle, il suffit de lire la notice soumise par M. Blanqui à l'Académie des Sciences en 1843, sur la situation économique et

forestière des Alpes. Voici un passage de cette notice :
« Le sol, dit-il, dépouillé d'herbes et d'arbres par l'abus
» du pacage et par le déboisement, porphyrisé par un soleil
» brûlant, sans cohésion, sans point d'appui, se précipite dans
» le fond des vallées tantôt sous forme de lave noire, jaune ou
» rougeâtre, puis, par courants de galets et même de blocs
» énormes, qui bondissent avec un horrible fracas et produi-
» sent dans leurs courses impétueuses les plus étranges
» bouleversements. »

Puis il dépeint l'action de ces torrents qui poussent devant
eux des masses de pierres chassées par le flot, comme les projec-
tiles par le feu et la foudre.

« Ils affouillent, dit-il, les terres sur leur passage, charrient
» au loin, pour atterrir plus loin encore et transporter les
» héritages brisés et broyés dans la campagne. »

Pour achever un tableau si désolant : « La destruction,
» dit-il, est parvenue aujourd'hui à son comble, et il faut se
» hâter d'y mettre un terme, si l'on ne veut que le dernier
» habitant ne soit forcé de quitter la place avec le dernier
» arbre.

» Quiconque a visité la vallée de Barcelonnette, celle
» d'Embrun, de Verdon et cette Arabie pétrée des hautes
» Alpes qu'on appelle le Devolny, sait qu'il n'y a pas de
» temps à perdre, ou bien dans cinquante ans d'ici la France
» sera séparée du Piémont, comme l'Égypte de la Syrie, par
» un désert. »

Si, dans les Pyrénées, la marche des torrents ne paraît
pas affecter le même degré d'irrégularité, de fréquence et
d'intensité que dans les Alpes, cela tient, à notre avis :

1° A ce que les roches des Pyrénées se composent en
général de matières moins friables et plus résistantes;

2° A ce que la chaîne se dirigeant de l'Ouest-Nord-Ouest
à l'Est-Sud-Est, par conséquent exposée au Nord-Est,
reçoit à peu près transversalement l'action des vents pluvieux
de l'Ouest et du Sud-Ouest;

3º A ce que les vents pluvieux des Pyrénées paraissent avoir moins d'intensité que ceux des Alpes;

4º Et, enfin, à ce que la chaîne s'abaisse insensiblement et présente avec un plus grand développement de surface des couches moins inclinées, et par conséquent des pentes générales plus douces.

C'est à ces causes diverses réunies qu'on peut attribuer la marche moins irrégulière et moins dévastatrice des torrents qui prennent leurs sources dans les Pyrénées. Mais les effets du déboisement, quoique moins manifestes que dans les Alpes, n'en ont pas moins été reconnus et appréciés par tous les observateurs qui ont parcouru ces montagnes.

Si l'on doute du mal et de ses causes presque immédiates, on n'a qu'à se reporter à la terrible inondation du mois de juin 1875.

On se rappelle que la ville de Toulouse fut presque entièrement inondée, et que le quartier Saint-Cyprien, situé en contrebas, fut complètement détruit et entraîné par les eaux. Sans compter les pertes matérielles qui se chiffrent par millions, on eut à déplorer la mort de milliers de personnes surprises pendant la nuit et englouties par cette mer furieuse qui poursuivit ses ravages sur une étendue de près de 200 kilomètres.

Qu'a-t-on fait depuis cette époque pour prévenir le retour d'un semblable malheur?

Rien, ou presque rien.

Cependant le général de Nansouty a poussé le cri d'alarme ce mois de juin dernier. Il a fait savoir que la chaîne des Pyrénées était recouverte d'une couche de neige mesurant plus de 2 mètres d'épaisseur.

A quoi peut-on attribuer qu'un désastre peut-être plus terrible que celui de 1875, eu égard à la quantité considérable de neige tombée en juin, ne se soit pas produit? A un pur hasard : car, si la température avait subitement changé sous l'influence du vent du Midi, qui dans ces cas occasionne presque toujours des orages successifs, la fonte des neiges, activée par la chaleur et par ces pluies abondantes, aurait alors produit des masses d'eau tellement considérables que nous aurions à constater à nouveau des dégâts effroyables et à déplorer malheureusement la mort de nouvelles victimes.

Je ne veux pas énumérer en détail tous les ravages occasionnés à différentes époques par les inondations sur les divers points de la France. Ce que je tiens à constater, c'est qu'il s'en produira constamment de nouvelles et de plus désastreuses encore, tant que le reboisement ne sera pas entièrement achevé.

Les petites villes, construites dans des vallées que surplombent des pics plus ou moins dénudés, sont toujours menacées d'une destruction partielle ou totale.

Pour n'en citer qu'une, Barèges, dans les Hautes-Pyrénées, où, dans une période de quarante années, on a compté plus de cent maisons endommagées ou détruites, et où plus de vingt personnes ont perdu la vie; Barèges, dis-je, est toujours menacé, et de belles vallées sont exposées à des ravages imminents, depuis que les montagnes qui en protègent l'enceinte, perdent, avec la végétation et les forêts, les salutaires garanties dont la nature les avait pourvues.

Partout le danger est en rapport avec les progrès du déboisement.

Au moment où j'écris ces lignes, nous recevons des détails navrants sur les désastres occasionnés par les inondations qui désolent les provinces d'Oran et de Constantine.

Dans la province d'Oran, tout le pays de Relizanne est entièrement submergé; on calcule que plus de *cent mille hectares* sont couverts par les eaux. Sans compter les pertes matérielles qui sont considérables, et qu'il est impossible d'évaluer en ce moment, on a à déplorer la mort de deux cents personnes.

Voici comment M. Tirman, le nouveau gouverneur général de l'Algérie, annonce cette terrible nouvelle :

« Un nouveau sinistre vient de ravager la province d'Oran.

» Le barrage de l'Habra vient d'être enlevé par une crue
» exceptionnelle de la rivière.

» La ville de Perregaux a été inondée et une partie détruite.
» Plus de deux cents victimes européennes et indigènes sont
» déjà connues, et il est probable que ce nombre doublera.
» Perregaux et la plaine étaient ruinés par la sécheresse.
» Aujourd'hui, le désastre est complet. »

Dans la province de Constantine, c'est l'arrondissement de
Philippeville qui a été le plus éprouvé.

Je transcris textuellement les nouvelles officielles qui viennent
d'être publiées :

« C'est du côté de Saint-Antoine que l'inondation a tout
» d'abord commencé ses ravages. Le mardi soir, avant la
» nuit, l'eau se répandait des montagnes avec une force inouïe.
» L'inondation a gagné la route de la Pépinière et de
» Domrémont, faisant une petite mer de toute la vallée
» du Saf-Saf, avec barrage de la voie ferrée, qui a failli être
» inondée à son tour. Les eaux se sont heureusement arrêtées,
» et le train du soir a pu entrer en gare à Philippeville.

» Mercredi matin, on a dû procéder au sauvetage et au
» ravitaillement des habitants des propriétés. C'est peut-être
» du côté de Stora que les dégâts sont les plus graves.

» Déjà, en sortant de la ville et avant d'arriver au fanal
» de Château-Vert, la montagne est descendue sur une
» longueur de 5o mètres, barrant complètement la route sur
» une hauteur de près de 2 mètres.

» La route de Beni-Molek est également interceptée par un
» fort éboulement de la montagne.

» On compte environ une dizaine d'éboulements, de terres
» et de rochers avant d'arriver à Stora, mais moins graves
» que celui du Château-Vert.

» A Stora, une partie du parapet de l'église a été emportée
» Un torrent, qui s'était creusé un ravin profond, s'est écoulé
» avec une force irrésistible, par la rue Nationale, jusqu'à la
» caserne de la Douane, balayant tout. »

Malgré les désastres épouvantables occasionnés presque chaque année par ce terrible fléau, qu'il nous soit permis de constater que la mobilité proverbiale de l'esprit français ne s'est jamais manifestée d'une manière aussi probante que dans la question des inondations.

Après chaque nouveau malheur, on se hâte de réparer les anciennes digues détruites, d'en construire de nouvelles; et avec la disparition des souffrances passées disparaissent les craintes pour l'avenir.

On s'endort dans une fausse sécurité, et, lorsque survient une nouvelle catastrophe, on se demande si les travaux de défense effectués sur divers points n'ont pas contribué à augmenter le danger au lieu de l'écarter.

Cette question revient de nouveau à l'ordre du jour et met en ébullition ce fond de sable mouvant, qui chez nous constitue l'opinion publique.

L'on n'entend parler que d'enquêtes, de rapports, et chacun arrivant avec une proposition nouvelle cherche à la faire triompher dans la discussion générale.

L'un propose l'établissement des digues longitudinales, un autre préfère des digues transversales; celui-ci conseille des canaux de dérivation, celui-là des réservoirs artificiels, etc., etc. Tous ces divers moyens de préservation mis en avant n'ont pas encore fait faire un pas décisif vers la véritable solution qu'on laisse toujours de côté, car personne ne songe à indiquer simplement le reboisement comme le seul et véritable remède qui doive supprimer à tout jamais les inondations.

D'après M. Surell, dont l'ouvrage sur les torrents des Hautes-Alpes est en quelque sorte devenu classique, les crues n'ont jamais lieu qu'à la suite des orages ou de la fonte des neiges qui, en raison de la latitude, se fait très rapidement dans les parties dénudées de ces montagnes. Ces masses liquides, s'écoulant avec violence sur des pentes friables et dépouillées de toute végétation, y affouillent le sol et en répandent les débris dans les plaines.

M. Surell met généralement toute sa confiance dans le boisement du terrain, qui arrête ou modère les affouillements, soit en retenant le sol par l'enchevêtrement des racines des arbres, soit en divisant ou modérant la course des filets d'eau et prévenant leur réunion.

Dans le projet de loi du 22 février 1847, le Ministre proposait des études préliminaires, « *dans l'objet de déterminer* » *l'étendue des bassins, des torrents et des cours d'eau qui* » *produisent les inondations, et d'établir les plans des* » *travaux d'art propres à prévenir les dévastations causées* » *par les eaux.* »

C'était là, ne nous le dissimulons pas, un palliatif qui laissait complètement de côté la question principale.

Mais la Commission avait reconnu déjà que les travaux hydrauliques entrepris dans les vallées, pour s'opposer au cours impétueux des torrents, ne pourraient jamais en prévenir les dévastations, « *si les flancs des montagnes et des collines* » *n'étaient reboisés ou n'étaient soumis à des mesures propres* » *à consolider le sol et à retenir les eaux.* »

Il résulterait donc, de l'avis de la Commission, que le reboisement était la première mesure à adopter, qu'il concourait à diminuer l'importance des travaux hydrauliques, et que, sans lui, tous les efforts de l'art pouvaient devenir inutiles.

Faut-il encore, et avant toute solution, se livrer à la recherche de nouveaux documents ?

S'agirait-il, par exemple, d'un classement préalable de terrains à reboiser ?

Mais ces documents ne peuvent être recueillis qu'en vertu d'un système arrêté et en cours d'exécution. Le choix des terrains à reboiser dépend d'une foule de circonstances locales variées et complexes.

Ainsi, rien ne paraît s'opposer à l'examen et à la solution immédiate de la question du reboisement.

On peut affirmer que depuis les guerres d'invasion jusqu'à nos jours, c'est-à-dire depuis plus de trois siècles, les désordres occasionnés par les événements politiques de toute nature sont la principale cause de la disparition des terrains boisés.

A différentes époques les forêts deviennent la proie d'un incendie dévorant qui, selon l'énergique expression de Mezeray, *faisait flamber le royaume.*

Pour arrêter les progrès du mal, les ordonnances se succèdent depuis Charles VI et François Ier jusqu'à celle dite de réformation de Henri IV, enfin jusqu'à la fameuse ordonnance de 1669.

Les désordres étaient si universels, si invétérés que, selon le préambule de cette ordonnance, le remède paraissait presque impossible. Ce qui faisait dire à Colbert « *que la* » *France périrait faute de bois.* »

Aujourd'hui que le gouvernement de la République vient de créer un ministère spécial de l'agriculture, nous osons espérer que la question du reboisement descendra de la sphère des théories dans celle des applications pratiques.

C'est au nouveau Ministre qu'est réservé l'honneur de faire sanctionner par le Parlement la nouvelle loi de reboisement, de façon à préparer d'abord et à commencer dans le plus bref délai, et sur une très vaste échelle, toutes les améliorations possibles de notre sol montagneux.

Les nombreuses populations avoisinant ou situées dans les Alpes françaises, les Pyrénées, les Cévennes, les monts d'Auvergne, celles du Vivarais, du Forez, du Charolais, de la Drôme, du Jura, des Vosges, de toute la France enfin, acclameront avec enthousiasme cette loi qui est leur seule branche de salut.

Tout le pays applaudira des deux mains, lorsque, du haut de la tribune française, le nouveau Ministre de l'Agriculture pourra faire cette rassurante réponse à la terrible prophétie de Colbert :

Non! la France ne périra plus faute de bois!

Il est reconnu que dans les montagnes le mal suit sa marche progressive.

M. Beugnot a rappelé que, dans le seul département des Hautes-Alpes, le déboisement a atteint plus de 200,000 hect.

Dans les Pyrénées, les mêmes causes amènent les mêmes résultats.

Dans diverses localités, on arrive à cette période où, faute de bois, on est réduit à brûler des buis, des genêts et des broussailles.

Pour mesurer toute l'étendue du mal, on n'a qu'à comparer la situation actuelle à ce qu'elle était il y a deux siècles.

A la place de tant de forêts florissantes, qui ont fourni plus tard de grandes ressources à la marine, on ne trouve souvent que des surfaces dépouillées, où végètent tristement quelques arbres rares et désolés.

M. Dralet, ancien conservateur à Toulouse, en calculant tous les désastres passés, prévoit même l'époque où la destruction cessera faute d'aliments.

« Ainsi, dit-il, dans l'espace de deux cent quarante années,
» les forêts des Pyrénées ont perdu les deux tiers de leur
» contenance. Si elles continuaient à être livrées à la même
» dévastation, dans cent vingt ans il n'en existerait plus. »

L'industrie des fers, qui est en souffrance sur toute la chaîne par le fait du manque de combustible, dépérit principalement dans l'Ariège. Et, ici, qu'il nous soit permis de dire que c'est sans contredit le département qui a été le plus sacrifié au point de vue du reboisement.

Si dans les Alpes le mal est très grand, du moins on consacre dans les deux départements des Hautes et Basses-Alpes les trois quarts des fonds destinés aux travaux du reboisement.

Dans le département de l'Ariège, le mal est un peu moins grand en effet: mais aussi on n'y dépense absolument rien et les plantations faites par l'État y sont à peu près nulles. Cependant ce département mérite qu'on s'occupe du reboisement de ses montagnes, et si l'on doute du mal, on n'a qu'à visiter les montagnes de Quérigut, d'Ax, de Mercuret, de l'Hospitalet, et là où naguère on admirait de belles et florissantes forêts, on ne trouve plus que des masses informes de granit et de rocs confusément entassés, image du chaos et de la désolation.

L'industrie des fers, jadis si florissante et ressource principale de cette contrée, n'existe presque plus. Les rivières de Massat, d'Erce et d'Ustou, autrefois flottables, ne sont plus que des torrents depuis que les habitants ont exécuté d'immenses défrichements dans les montagnes. Le Salat même, dans lequel se jettent ces trois rivières, n'est plus flottable dans le département de l'Ariège. Qu'on ne croie pas que l'exploitation des mines ait cessé par le fait du manque du minerai; c'est le département de la France qui possède les gisements les plus considérables et les plus riches en minerai de fer, et c'est à peine si cette richesse a été entamée sur quelques points.

Reboisez les montagnes de l'Ariège, et dès qu'on sera assuré de trouver du combustible en quantité suffisante, on verra renaître ces forges à la Catalane qui ne tarderont pas à prendre une extension considérable dans tout le département. Un bien-être général se répandra dans ce pays si pauvre et si déshérité aujourd'hui; et la population, qui tend à décroître chaque jour par le fait de l'émigration, augmentera dans une proportion notable, dès qu'elle aura la certitude de trouver chez elle un travail durable et rémunérateur.

Ce n'est pas seulement en minerais que le département de l'Ariège est le plus riche de France; ses montagnes produisent également de nombreuses espèces de marbre qui, toutes, sont très appréciées dans le commerce.

Nous avons eu occasion, en visitant les magnifiques magasins et dépôts de la Compagnie de la Marbrerie nationale, situés 8, rue du Chemin-Vert, d'apprécier les nombreux spécimens de ces marbres qui sont classés en première ligne. Nous avons admiré des cheminées, des vases, des vasques et de nombreux objets d'art en marbre de l'Ariège. Nous avons pu nous convaincre qu'en outre de la finesse et de la dureté du grain, il possède une grande variété et un tel éclat de couleurs, que rien ne peut lui être comparé en marbres français et étrangers. Et cependant l'exploitation de ces marbres est forcément limitée, non point par la rareté de la matière que l'on trouve en abondance, mais par le fait de la cherté des transports, cherté occasionnée par le petit nombre de voies de communication qui font presque complètement défaut dans ce pays.

En attendant que le réseau des chemins vicinaux et des chemins de fer départementaux soit entièrement achevé, ce qui sera malheureusement fort long, le reboisement procurera, sans qu'on s'en doute, le moyen de transport le plus commode et le plus économique.

Ces torrents déjà cités de Massat, d'Erce, d'Ustou, qui roulent leurs eaux au pied des diverses montagnes de l'Ariège, une fois le reboisement terminé, redeviendront comme autrefois des rivières flottables. C'est sur ces nouvelles voies de transport, les plus économiques de toutes, que les forges et autres industries pourront transporter tous les produits bruts ou manufacturés jusqu'à un point d'une ligne de chemin de fer, et les expédier de là sur tous les points de la France et à l'étranger.

Afin qu'on ne puisse pas mettre en doute la possibilité de transformer ces torrents en rivières flottables par le fait seul du reboisement des montagnes, nous croyons utile de citer un exemple qui nous paraît caractéristique; il est dû aux observations de M. Cantegril, sous-inspecteur des forêts, et a été communiqué par lui à l'*Ami des Sciences* (11 déc. 1859).

« Sur le territoire de la commune de Labruguière (Tarn),
» se trouve une forêt de 1,834 hectares, connue sous le
» nom de forêt de Montaut et appartenant à cette commune.
» Elle s'étend sur le versant septentrional de la Montagne
» Noire. Le sol est granitique, l'altitude maxima de
» 1,243 mètres, et l'inclinaison comprise entre 15 et 60 o/o.

» Un petit cours d'eau, le ruisseau de Connan prend sa
» source dans cette forêt et reçoit les eaux des deux tiers de

» la surface. A l'issue de la forêt et sur ce ruisseau se trouvent
» plusieurs usines à fouler le drap, exigeant chacune une
» force de huit chevaux-vapeur et mues par des roues hydrau-
» liques qui font manœuvrer les pilons dans des compartiments
» appelés auges.

» La commune de Labrugnière s'était fait longtemps remar-
» quer pour son opposition au régime forestier. Les délits et
» les abus du pacage avaient converti la forêt en un immense
» vacant, en sorte que cette vaste propriété suffisait à peine à
» payer les frais de garde et à fournir aux habitants un maigre
» affouage.

» Pendant que la forêt était ainsi ruinée et que le sol était
» dénudé, l'eau, après chaque pluie abondante, faisait irruption
» dans la vallée, entraînant avec elle une grande quantité de
» galets dont les débris encombrent encore le ruisseau de
» Connan. La violence des eaux était quelquefois telle qu'on
» était contraint d'arrêter les machines pendant un certain
» temps.

» Durant l'été un autre inconvénient se produisait. Pour peu
» que la sécheresse se prolongeât, le débit du cours d'eau
» devenait insignifiant; les usines ne pouvaient le plus souvent
» utiliser que le travail d'une auge, et il n'était pas rare même
» de les voir chômer complètement.

» A partir de 1840, l'autorité municipale parvint à éclairer
» les populations sur leurs véritables intérêts.

» Protégée par une meilleure surveillance, améliorée par
» des travaux de repeuplement bien conduits, la forêt n'a pas
» cessé de progresser jusqu'à ce jour.

» A mesure que le peuplement s'est reformé, l'état précaire
» dans lequel se trouvaient les usines a disparu, et le régime
» des cours d'eau s'est totalement modifié. Ainsi il n'y a plus
» de ces crues subites et violentes qui forçaient à arrêter les
» machines; le débit ne commence à augmenter que six ou
» huit heures seulement après le commencement de la pluie;
» les crues suivent jusqu'à leur maximum une progression

» régulière, et décroissent de la même manière. Enfin pendant
» l'été les usines ne sont plus jamais forcées de chômer; l'eau
» est toujours assez abondante pour les faire marcher avec
» deux auges et souvent même avec trois.

» Cet exemple est remarquable en ce sens que toutes les
» autres circonstances étant restées les mêmes, on ne peut
» attribuer qu'au reboisement les changements survenus dans
» le régime du ruisseau, changements qui se résument ainsi :
» atténuation de la crue au moment des pluies, augmentation
» du débit en temps ordinaire. »

A l'œuvre donc ! et ce département déshérité, qui est classé
aujourd'hui comme l'un des plus pauvres, prendra rang, une
fois ses montagnes reboisées, à côté des départements les plus
riches de France, par l'exploitation de ses produits miniers et
de ses magnifiques carrières de marbre.

Si je me suis un peu étendu sur ce département, c'est pour
mieux faire ressortir et apprécier les richesses considérables
qui restent enfouies dans les diverses contrées de la France,
et que le reboisement seul peut permettre d'exploiter utilement.

Le reboisement est, comme je le dis plus haut, non seulement une branche de l'agriculture, mais dans certains cas il
devient un levier tout-puissant, à l'aide duquel des industries
diverses peuvent vivre et se propager en augmentant le bien-
être général dans les pays où elles s'exploitent, tout en concou-
rant à l'agrandissement de la fortune publique.

La construction de nos chemins de fer a nécessité des
millions de mètres cubes de bois, et il a suffi de vingt-cinq ans
de travaux pour consommer ces énormes approvisionnements
de bois plantés par nos prévoyants aïeux.

Le chêne était, pour ainsi dire, l'arbre national, celui auquel
le climat et le sol de la France paraissaient le plus propices.
Ce roi de nos antiques forêts a presque entièrement disparu
dans diverses contrées où il prodiguait les ressources de sa
puissante végétation.

On n'en trouve plus aujourd'hui que dans les forêts de

l'État, dans les bois communaux et dans quelques parties de la France où l'on n'a pas encore construit de chemins de fer.

Les grandes forêts particulières, qui formaient autrefois une réserve très considérable, deviennent plus rares et tendent à disparaître, parce qu'elles sont morcelées entre héritiers ou vendues suivant diverses nécessités. Elles deviennent l'objet de défrichements successifs de la part des possesseurs, qui sont toujours séduits par ces deux considérations pressantes : la jouissance actuelle du capital représentatif de la valeur superficielle du sol; et un revenu annuel plus considérable, fondé sur ce même sol ouvert à la charrue. Aussi les grandes forêts disparaissent chaque jour; elles seront rarement désormais l'apanage d'un particulier. Elles n'ont, comme nous le disons plus haut, conservé leur étendue avec leurs produits séculaires que sous la main de l'État ou dans le domaine communal.

Telles sont les causes générales permanentes de la destruction des forêts : Déboisement marchant parallèlement aux progrès de la civilisation et se manifestant dans les plaines par des défrichements successifs.

Après avoir dévasté les arbres séculaires on attaque les essences inférieures. Celles-ci détruites, on exploite les arbustes, les arbrisseaux; enfin, on fait disparaître toute végétation qui recouvre le sol.

L'esprit s'effraye en calculant les masses considérables de bois que va absorber encore la construction du nouveau réseau, sans parler des cinq ou six millions de traverses employées annuellement pour l'entretien de la voie des chemins de fer exploités. Cette quantité de six millions de traverses, nécessaire aujourd'hui chaque année pour nos voies ferrées, s'élèvera à dix millions lorsque tout notre réseau sera entièrement construit.

CHAPITRE V

AVANTAGE DES PLANTATIONS SUR LES SEMIS

Comme complément à ce qui précède, nous croyons utile d'entrer dans quelques détails pour faire ressortir les diverses difficultés que comporte le reboisement des montagnes et indiquer les moyens culturaux qu'on doit employer si l'on veut obtenir une réussite certaine dans ces plantations.

Il y a environ quarante ans, tout le monde était à peu près d'accord sur ce point : que pour opérer des repeuplements considérables les semis convenaient mieux que les plantations. et qu'on ne devait planter que là où les semis ne promettaient aucune chance de réussite.

La science forestière marche d'un pas rapide, et nous serions entraînés trop loin si nous voulions suivre pas à pas les progrès que l'art des plantations a accompli dans les vingt-cinq dernières années. Qu'il suffise de rappeler que le principe du semis, accepté il y a quarante ans comme une règle générale, se trouve aujourd'hui modifié jusqu'à dire, qu'il *ne faut semer que là où des circonstances exceptionnelles seraient un obstacle insurmontable à la plantation.*

Ce revirement complet d'opinion provient de ce qu'en règle générale on a remarqué que pour opérer des repeuplements complets la voie des plantations est à la fois *plus expéditive, plus sûre et bien souvent plus économique* que celle des semis.

La plantation est plus expéditive pour créer des peuplements complets, parce qu'on profite d'une avance d'accroissement de quelques années au moins. D'un autre côté, l'incertitude dans laquelle on se trouve à l'égard des regarnis qu'il faut presque toujours effectuer dans les semis se prolonge au moins pendant quatre ou cinq ans, tandis que les manquements dans une plantation peuvent être remplis dès l'année suivante.

La voie des plantations est plus sûre. Pour elles, en effet, nous avons à redouter moins de dangers que pour les semis. La réussite de ces derniers dépend en premier lieu de la qualité des semences à employer.

On admettra que c'est tout à fait par exception qu'on soit en mesure de récolter soi-même les graines dont on a besoin, et force est de s'adresser au commerce. Or, il se peut que cette semence ait été recueillie avant sa maturité, qu'elle ait été brûlée lors de l'extraction, qu'elle soit altérée par suite de procédés vicieux de conservation, qu'elle ait été trop échauffée lors du désailement ou que trop vieille elle ait perdu sa faculté germinative. Donc, à cause de la mauvaise qualité de la semence, les semis peuvent ne pas réussir du tout ou pour le moins donner naissance à des peuplements peu homogènes, chaque fois que les plants lèvent à des époques différentes.

En prévision de ces éventualités, il est d'usage de répandre les graines en quantité plus grande que la surface à ensemencer ne l'aurait normalement comporté. D'où il résulte que si, par hasard, la marchandise a été de bonne qualité, on voit surgir de ces peuplements drus, fourrés, où chaque plant doit soutenir une lutte longue et opiniâtre avec ses voisins. Dans ces conditions, l'accroissement général se trouve longtemps gêné et en fin de compte la mort emporte tout ou partie du peuplement, à moins qu'à l'aide de nettoiements pénibles et dispendieux on n'ait soin de faire disparaître les jeunes plants en excès.

Mais même en supposant que la semence employée ait été de qualité irréprochable, que la préparation du sol, le répandage uniforme et l'enterrement convenable des graines aient été faits selon les règles; en supposant en un mot un semis parfaitement exécuté, on observera cependant avec anxiété la marche des nuages, parce qu'une ondée abondante, une sécheresse prolongée, quelques jours d'un soleil trop vif pendant la germination, une gelée tardive, etc., etc., peuvent rendre vaines toutes nos espérances. Allons plus loin encore; admettons le concours de toutes les heureuses chances : Le temps le plus propice a favorisé la germination, les graines ont échappé aux oiseaux, aux souris, etc., bref, le semis a parfaitement levé; en dépit de ces circonstances favorables, on aurait grandement tort de croire, dès maintenant, le semis à l'abri de tout danger. Car à l'arrivée de la bonne saison la crue des plantes parasites est en beaucoup d'endroits tellement abondante, qu'on ne retrouve qu'avec peine les jeunes plants perdus dans ce fouillis.

A la rigueur il est parfois possible de fauciller les mauvaises herbes; mais il est à craindre qu'on ne coupe en même temps bon nombre de plants, sans parler de la difficulté ou de l'impossibilité (surtout si les surfaces ensemencées sont considérables) de se procurer les bras nécessaires à cette opération; les herbes resteront donc le plus souvent. Que la neige vienne ensuite à les recouvrir, elles formeront avec celle-ci une demeure bien chaude pour des milliers de souris, qui, en même temps, trouveront un repas appétissant servi pour toute la durée de l'hiver.

C'est ainsi qu'au retour du printemps les plus belles espérances se trouvent détruites.

Ajoutons enfin que fort souvent, dans les terres moins sujettes à se gazonner, c'est le déchaussement qui atteint le semis et en compromet la réussite.

Nous croyons inutile d'énumérer les dangers auxquels les semis se trouvent exposés quand ils arrivent à l'âge de deux ou trois ans et plus. Ce qui précède suffit, nous le pensons du moins, pour rendre en quelque sorte palpables à tous nos lecteurs, même à ceux d'entre eux qui ne se seraient pas occupés de plantations, les chances nombreuses d'insuccès contre lesquelles ce mode cultural a toujours à lutter.

Nous disons enfin : *Les plantations sont souvent économiquement supérieures au semis.*

Le prouver doit, ce nous semble, être chose facile ; car tout en admettant que, pour les essences dont les graines se vendent à bon compte, les frais de première exécution d'un semis soient assez souvent inférieurs à ceux que, dans les mêmes conditions, la plantation aurait occasionnés, on trouvera, en considérant la totalité des remplacements qui deviennent nécessaires dans la suite, que l'étendue des surfaces à regarnir est de beaucoup plus considérable dans les semis que dans les plantations. Or, il est constant, et chaque praticien devra en convenir, que le regarnissage coûte toujours trois ou quatre fois plus cher que la mise en culture première.

On n'a donc pas lieu de trouver extraordinaire que le coût de l'ensemencement primitif, augmenté de celui du regarnissage, n'arrive à dépasser de beaucoup la dépense qu'on aurait faite en reboisant tout d'abord par la plantation.

Comme conclusion à tout ce qui précède, je crois devoir citer un fait qui prouve le peu de créance qu'on doit accorder au semis.

Il y a quatre ans, une personne occupant une position très élevée dans l'administration forestière et possédant des terrains en Sologne, faisait ensemencer avec le plus grand soin dix hectares en pin noir d'Autriche.

La graine employée provenait des forêts de l'État ; l'essai de germination avait donné 85 o/o, le terrain avait été très bien préparé ; bref, tout avait été fait dans les meilleures conditions et l'on devait compter sur le succès le plus complet.

Un an après le semis, on ne voyait pas la moindre trace de plant levé ; on attend une deuxième année sans constater une seule pousse. En présence de cet insuccès on sème sur ce sol qu'on a retourné à nouveau du pin sylvestre, en prenant, si c'est possible, plus de précautions que dans le premier semis.

On attend vainement pendant deux ans la levée de ce nouveau semis, et c'est en présence de ce double insuccès, inexplicable à tous les points de vue, qu'on se décide à faire une plantation de pin sylvestre.

Cette plantation, commencée au mois d'octobre, a été seulement achevée dans les premiers jours de mars. Pendant tout le temps qu'a duré cette plantation, les ouvriers occupés à ce travail n'ont pas aperçu la moindre trace de levée des anciens semis.

Depuis le 15 avril, un fait curieux s'est produit : tout le terrain se trouve complètement garni de petits pins en quantité considérable; c'est le semis fait en 1876 qui lève en 1880.

Le fait que je cite est assez concluant et peut se passer de tout commentaire. Qu'il me suffise seulement de dire que ce phénomène inexplicable peut avoir son pendant si l'on fait des semis sur des terrains analogues, et qu'en présence des nombreux aléas encourus par les semis, *on ne doit conseiller de semer que là où des circonstances exceptionnelles seraient insurmontables à la plantation.*

On peut donc conclure que les plantations offrent de nombreux avantages sur les semis, surtout lorsqu'il s'agit du reboisement des montagnes, où l'on ne rencontre presque partout que des terrains très accidentés.

CHAPITRE VI

DISPOSITIONS PRINCIPALES POUR ASSURER UNE RÉUSSITE COMPLÈTE DANS LES PLANTATIONS

Dans les plantations, la première difficulté à résoudre c'est l'établissement des pépinières locales et l'élevage des plants tels qu'il faut les produire en vue de ce travail spécial.

Il n'est guère possible de donner des règles générales sur la préparation d'une bonne pépinière. C'est au praticien seul qu'il appartient de faire un choix entre tous les moyens dont il dispose, et cela selon la nature du sol auquel il a affaire, selon les exigences des essences qu'il veut élever; enfin, selon les propriétés du terrain auquel les plants sont destinés.

Dans tous les cas, l'établissement d'une pépinière dans de bonnes conditions nécessite toujours des frais considérables de main-d'œuvre et d'engrais, si l'on veut élever des plants qui soient pourvus de racines suffisantes et bien constituées.

Avant toutes choses, il faut que le sol d'une pépinière soit rendu accessible à l'air et à la chaleur.

Le choix des graines à employer est une question essentielle et l'on ne saurait assez prendre de précautions dans le choix des semences forestières. Sans cette circonspection, on n'arrivera fort souvent qu'à produire des plants malingres et sans avenir. Il est un principe général dont on doit tenir compte lorsqu'on a à boiser des surfaces étendues : c'est d'avoir deux pépinières. Dans la première, en terre légère et fertile, s'opèrera la levée des graines; dans la seconde, en terre plus argileuse, mais fertile également, on élèvera les plants de semis nés dans la pépinière et l'on y exécutera les repiquements et rigolages nécessaires.

Depuis longtemps, il est reconnu par tous les forestiers éclairés qu'on ne doit plus se contenter d'élever n'importe de quelle manière les quantités de plants dont on a besoin. mais qu'il faut les produire pourvus de qualités spéciales, en vue d'un but déterminé. C'est là une vérité culturale qui, pour nous, ne fait plus de doute. En résumé, il faut que par l'élevage des plants on puisse donner aux racines la conformation qu'on juge nécessaire pour assurer la réussite à la replantation. Mais puisqu'il est vrai que c'est par les racines que s'opère en grande partie l'œuvre de la nutrition, il conviendrait de s'appliquer plus qu'on ne l'a fait jusqu'à ce jour à donner à ces organes la meilleure conformation possible, en vue même des fonctions qu'ils ont à remplir. Avant d'établir une pépinière, on doit étudier la nature du terrain auquel sont destinés les jeunes plants, afin que ceux-ci soient pourvus de racines appropriées aux exigences du sol à reboiser.

Tous les praticiens reconnaissent *que la belle et prompte venue d'une forêt dépend en grande partie de la nature du plant qu'on emploie.*

Tout plant de qualité médiocre donne des sujets maladifs, malingres, destinés à mourir à bref délai; tandis que le beau et bon plant fournit des arbres superbes, d'une croissance rapide, formant dans un court espace de temps de magnifiques forêts.

A toutes les difficultés qu'on rencontre dans l'élevage des plants, il faut ajouter celles qui exercent une influence funeste sur leur réussite et leur bonne venue lors de leur plantation définitive.

La mise en terre des plants, pour n'être qu'une opération purement manuelle. n'est pas exempte de certaines difficultés qu'il est très difficile d'éviter. Personne ne peut nier que, si sévère que soit la surveillance, on n'est jamais maître de garder tous les ouvriers d'assez près pour être certain que chaque brin a été planté dans les conditions essentielles à sa reprise et à sa bonne végétation.

Ce qui arrive très souvent, c'est qu'en plantant on plie les racines d'une façon monstrueuse et qu'elles se trouvent toutes rangées d'un seul côté. Il est impossible de croire que cette torsion violente imposée aux racines soit sans exercer une influence nuisible sur l'accroissement extérieur de l'arbre. Car, du moment que l'on sait que les racines sont les canaux qui amènent la plus grande partie de la nourriture nécessaire à la plante, on doit admettre aussi que, si l'on obstrue ces canaux au point de contrarier l'afflux des substances alimentaires, on rend plus difficile l'art de la nutrition, et par suite on nuit à la bonne venue des plants.

Le meilleur moyen pour atteindre un résultat satisfaisant, c'est d'employer constamment les mêmes ouvriers à la mise en place des plants et de les surveiller sans cesse tant qu'il reste quelque doute sur leur manière de procéder. Ce qui est également très difficile, c'est de distribuer et d'occuper l'ensemble des bras dont on dispose, de manière à imprimer aux travaux une marche si bien réglée qu'aucun ouvrier ne soit arrêté dans son travail en attendant qu'un autre ait achevé le sien. C'est seulement quelque temps après l'installation des chantiers qu'on arrive à équilibrer la marche des opérations. Il se produit, au début, des tâtonnements qui ne cessent que lorsque, après quelques modifications, les chantiers sont définitivement organisés dans les meilleures conditions, c'est-à-dire dans celles qui répondent le mieux aux exigences de la situation.

Il ne faut pas se le dissimuler, les dépenses sont considérables pendant les premières années, car les frais de culture ne diminuent qu'à mesure que tous les ouvriers se familiarisent davantage avec leurs occupations respectives, et que soi-même on a mieux réussi à combiner tous les efforts.

Comme principe fondamental, tout praticien doit reconnaître que le reboisement des montagnes ne peut être effectué qu'à l'aide de moyens artificiels, et que les essences résineuses, étant la providence des terrains pauvres, doivent être plantées dans tous les sols reconnus mauvais, même médiocres, et laisser exclusivement les bons terrains pour les essences feuillues.

Le mérite incontestable des essences résineuses pour la mise en valeur des terres pauvres et médiocres n'est pas le seul qu'on doive reconnaître à ces arbres précieux. Ils sont encore d'une ressource inestimable pour les terrains plus substantiels, mais appauvris soit par l'envahissement des plantes parasites, soit par toute autre cause.

Pour régénérer les sols propres à la culture du chêne, les conifères peuvent, en occupant le terrain d'une façon très avantageuse et pendant un laps de temps plus ou moins long, donner à la fois des produits que n'auraient jamais pu fournir les feuillus, et préparer le terrain pour la culture de ces derniers. Comme essences transitoires, les pins et leurs congénères sont donc encore très précieux, parce qu'ils enrichissent le sol de leurs débris et constituent ainsi un terrain fertilisant, tout en donnant des produits relativement considérables.

Le mélange du pin au chêne et à d'autres essences dures est une opération très utile pour aider les essences précieuses à se défendre contre la bruyère et à leur fournir de l'humus. En effet, nous savons que le pin, par son ombre, son couvert et ses aiguilles, qui forment au bout de peu d'années un tapis assez épais sur le sol, détruit la bruyère; cette destruction de la bruyère n'est pas le seul avantage de la présence du pin, car ce même tapis d'aiguilles forme, en se décomposant, un excellent terreau qui profite aux essences dures, lesquelles sont moins capables de s'en créer en même quantité et en aussi peu de temps.

Le pin, n'étant dans ce cas associé aux essences dures que comme essence auxiliaire, on pourra profiter de la première révolution des taillis pour exploiter les arbres résineux. Les essences dures auront alors été assez protégées et pourront se suffire à elles-mêmes.

On ne saurait trop recommander la plantation dans les mauvais terrains de l'acacia et de l'ailanthe. Ces deux arbres sont d'une croissance très rapide, et leur exploitation peut parfaitement se faire au bout de quarante ans; leur bois est très dur et très recherché pour le charronnage. C'est surtout dans des parcelles isolées, d'une déclivité variable, et où le reboisement est indispensable qu'il sera bon d'employer l'acacia et l'ailanthe. Ces deux arbres n'ont pas besoin d'un sol fertile et profond; ils réussissent presque partout, leurs racines traçantes pénètrent dans les pierres et les fentes des rochers, et préviennent ainsi les éboulements. Ces arbres, respectés en général par les moutons, offrent l'inappréciable avantage de laisser croître le gazon sous leurs feuillages, et permettent ainsi d'opérer le reboisement sans exclure, dès le début, le parcours des troupeaux.

Je connais un système spécial d'élevage et de mise en terre des plants qui supprime tous les aléas. Ce système est simple, pratique, et résume, si je puis m'exprimer ainsi, la perfection dans l'espèce.

Loin de contrarier la nature, il tend à lui venir en aide, parce qu'il a précisément pour effet de favoriser le développement du chevelu du plant. Or, suivant ces lois, l'activité de la végétation se concentre, chez tous les arbres forestiers, presque entièrement sur la racine dans la jeunesse et principalement dans les trois premières années de leur existence. Si donc, à l'aide de ce procédé, on force les racines à pousser au chevelu abondant, si on réussit à leur donner une direction telle que, dans leur croissance subséquente, elles rencontrent la plus grande quantité possible d'éléments nutritifs eu égard à la nature du terrain où s'opèrera la mise en place définitive, il est permis d'affirmer que la réussite des plantations est assurée, sans que pour cela on ait besoin de faire au préalable de longues expériences. Suivant ce mode, l'ouvrier d'une semaine est aussi habile que celui qui plante depuis des années; *toutes les racines, absolument toutes, sont dans un état parfait de conservation au moment de la mise en terre des plants;* et toutes les essences qui ont résisté en pépinière à cette nouvelle préparation, laquelle, je dois l'avouer, entraîne quelques frais supplémentaires, ont reçu par ce dernier critérium un brevet de longue vie. Si, d'un autre côté, la dépense première est un peu plus forte, les conditions fondamentales de reprise et de réussite des plantations sont tellement sûres, qu'on trouve une large compensation aux frais de premier établissement par les magnifiques résultats acquis.

Beaucoup de personnes qui se disent et se croient très compétentes sur la question du reboisement des montagnes, veulent poser comme principe absolu, que les modes culturaux les plus recommandables sont ceux qui occasionnent le moins de frais.

Je reconnais très volontiers qu'en raison des étendues considérables à reboiser chaque année, une économie par hectare offre une importance sérieuse, surtout au point de vue de l'économie générale d'un État.

Néanmoins, d'un autre côté, je dois appuyer aussi énergiquement que possible sur ce fait, qu'en matière de reboisement toute économie intempestive équivaut à une augmentation injustifiable de la dépense; car en lésinant mal à propos sur les frais du reboisement primitif, on s'expose d'une manière certaine à dépenser dans l'avenir le double ou le triple de ce que l'on aurait économisé, et cela, pour les travaux de regarnis dans les peuplements mal réussis.

L'État, le plus grand propriétaire de sols à boiser, doit se placer à un point de vue plus élevé et condamner encore comme préjudiciable à son intérêt un système d'épargnes poussées trop loin.

En effet, dans la plantation des bois, on doit s'inquiéter par avance des deux résultats suivants :

1° D'obtenir un succès complet dans la plantation;

2° De savoir quelle rente on retirera du sol.

L'intérêt bien entendu de l'État est de faire produire au sol, dans le plus bref délai, la rente la plus élevée, la plus assurée et la mieux soutenue possible.

Et du moment que ce but peut être atteint moyennant quelques dépenses bien raisonnées, il faudrait blâmer sévèrement tout système qui, avec la certitude de réaliser de beaux bénéfices, se refuserait à faire un sacrifice sans importance, sous le fallacieux prétexte d'obtenir des économies APPARENTES sur les dépenses du premier établissement des plantations.

Au surplus, ces économies seraient bien plus *apparentes* que réelles. J'appuie à dessein sur le mot apparentes.

En effet, en employant pour le reboisement les meilleurs systèmes de plantation et les essences de première qualité cultivées d'une façon toute spéciale en vue de ce travail exceptionnel, on arrive toujours à créer des massifs d'une croissance rapide.

Par ces moyens, en augmentant les revenus de la forêt, on peut abaisser le terme de la révolution primitivement adopté et mettre très rapidement la hache aux cantons les plus âgés sans avoir rien à craindre pour l'avenir.

Les conditions qui règlent le rapport soutenu ne permettraient pas d'en agir ainsi, si dans le but de faire quelques économies sur les frais de premier établissement on reboisait mal et l'on n'élevait que de jeunes bois languissants et clairiérés.

Qu'on se défie donc de tous ces calculs algébriques auxquels on se laisse volontiers entraîner, et qui consistent à calculer le chiffre de la dépense de plantation par le cumul des intérêts jusqu'à l'âge de l'exploitabilité. Ce calcul est peu exact, parce qu'on ne tient pas compte de ce que la somme déboursée annuellement pour l'exécution bien entendue des repeuplements élève en même temps la rente du sol boisé dans une proportion tellement grande, que le surcroît de dépenses disparaît à côté des pertes qu'on éprouverait en reboisant moins soigneusement.

De cette manière, la qualité du sol s'améliore d'année en année, les revenus suivent une progression qui devient tous les ans plus considérable, en même temps le volume du bois sur pied augmente de 50 o/o.

Voilà les seuls et vrais principes que tous les planteurs doivent préférer et adopter.

La création ou le repeuplement d'une forêt est toujours une tâche très difficile, parce que ce ne sont ordinairement que les sols ingrats qui sont livrés à la culture des bois. C'est encore une raison qui milite en faveur des meilleurs systèmes et qui nécessite l'emploi de plants de premier choix cultivés avec un soin tout spécial, si l'on veut obtenir des résultats immédiatement appréciables et assurer pour l'avenir la réussite d'une forêt qui, tout en améliorant le sol, produira annuellement de magnifiques revenus.

CHAPITRE VII

NÉCESSITÉ D'UNE EXÉCUTION ENTIÈRE ET IMMÉDIATE DU REBOISEMENT DES MONTAGNES

En présence du mal qui va s'aggravant chaque jour, il est indispensable que l'État, en vue du salut public, exproprie immédiatement tous les terrains où le reboisement est reconnu nécessaire.

Le reboisement de toutes les montagnes peut être entièrement achevé dans vingt-cinq ans, et l'on peut être assuré que le capital employé pour l'exécution de ces travaux sera plus que décuplé avant un demi-siècle, par la richesse forestière répandue dans toutes les montagnes.

Cette grande mesure conservatrice procurera à l'État une richesse qui ira toujours en progressant et répandra sur tout le pays des avantages inconnus jusqu'à ce jour.

Si l'on veut examiner bien attentivement les résultats qu'on est en droit d'attendre d'un reboisement effectué promptement et avec intelligence, on reconnaîtra qu'il est peu d'opérations plus profitables à l'intérêt général du pays et qui soient plus faites pour tenter l'ambition d'un gouvernement soucieux du bien public.

En rendant les inondations moins fréquentes et moins désastreuses, en arrêtant les ravages des torrents, le reboisement diminuera les dépenses que l'État est obligé de faire pour l'entretien et la réparation des routes, digues et ponts exposés à ces fléaux, et contribuera à sauvegarder les capitaux énormes que coûte au pays chaque nouvelle crue.

En conservant les sources, il combattra l'effet des sécheresses ; en régularisant les cours d'eau, il maintiendra le niveau des rivières et des fleuves à une hauteur assez forte et presque toujours régulière qui, tout en facilitant la navigation pendant l'époque des sécheresses, permettra, sans jamais porter atteinte à cette dernière, de prendre une partie de cette plus-value d'eau pour répandre le bienfait des irrigations dans des contrées brûlées par le soleil ; or, au dire des personnes les plus autorisées, les irrigations augmentent dans une proportion énorme la production des terres qui y sont soumises.

Mais ce serait peu que d'entreprendre à grands frais le reboisement de certaines parties, si d'un autre côté on laissait sur d'autres points le déboisement suivre son cours. Au point de vue où nous nous sommes placés, il faut, tout en reboisant les parties dénudées, empêcher également la ruine des forêts existantes ; parce que les bois sur pied, déjà âgés, ont sur le régime des eaux une action bien autrement puissante que les jeunes plantations qu'on vient d'effectuer et dont la réussite est toujours plus ou moins douteuse.

Une forêt n'est pas, comme on le croit souvent, une réunion d'arbres se succédant à perte de vue sans lien entre eux et pouvant s'isoler les uns des autres. C'est au contraire un tout dont les différentes parties sont solidaires et qui forme pour ainsi dire une véritable individualité. Chacune a en effet un caractère propre qui dépend de la configuration du sol sur lequel elle repose, des essences dont elle est composée, de la manière dont les arbres sont groupés.

Ces quelques pages ne s'adressent ni aux théoriciens ni aux amateurs de sylviculture, qui se figurent bien à tort que rien n'est plus facile que de faire venir des arbres. Elles s'adressent spécialement aux véritables praticiens et aux planteurs expérimentés qui possèdent ce qu'on appelle le feu sacré du métier.

Nous croyons pouvoir dire à ces derniers, que pour réussir dans le reboisement des montagnes, il est indispensable d'avoir au début de l'opération un plan d'ensemble général qui permette de diviser le travail avec méthode sur ce vaste échiquier, de façon à lui imprimer une marche si bien réglée qu'aucun des nombreux chantiers établis sur une montagne ne soit arrêté dans son travail et que les plantations s'achèvent à peu près partout à la même époque.

L'homme éminent, qui aura la direction générale de cette entreprise gigantesque, doit forcément s'imposer par son savoir et par sa longue expérience, par son talent d'organisateur et d'administrateur, et posséder en outre des connaissances telles sur les plantations, qu'il ne puisse être discuté par personne.

S'il s'agissait de percer un isthme nouveau, ce serait M. de Lesseps, nous pouvons l'affirmer sans crainte de nous tromper, qui serait naturellement désigné comme pouvant mieux que qui que ce soit mener à bien un semblable travail.

En fait de reboisement, nous croyons qu'un homme s'impose forcément aujourd'hui, parce qu'il réunit en même temps la science, le talent d'organisation, l'énergie de caractère, une activité prodigieuse et une expérience consommée dans tout ce qui a trait aux plantations et aux reboisements.

Si nous pensons ne pas devoir nommer cet ingénieur si distingué, aujourd'hui inspecteur général des ponts et chaussées, dans la crainte de blesser sa modestie, il nous est du moins permis de rappeler ici ses nombreux titres de gloire qui datent de plus de trente ans.

Nous n'en citerons qu'un en détail, car il faudrait écrire un volume pour analyser tous les travaux divers conçus, étudiés et menés à bien par cet homme éminent, à qui l'histoire accordera avec justice le titre de bienfaiteur de l'humanité.

C'était en 1855, lors de la première exposition internationale. Cet ingénieur avait exposé quelques pieds de chênes et de pins maritimes. Il n'y avait certes là rien qui attirât les regards; ces quelques arbres étaient relégués dans un coin de l'annexe agricole. Pauvre spectacle pour des yeux indifférents et éblouis encore par les merveilles du Palais principal.

Cependant ces arbres étaient un prodige de végétation, car ils n'avaient pas quatre ans, et à leurs dimensions ils paraissaient en avoir quinze. Ils n'avaient pas moins de cinq à six mètres de haut, et de vingt-cinq à trente centimètres de tour. Ils provenaient des plantations effectuées dans les landes de Bordeaux, dans lesquelles des irrigations bien conduites avaient produit cette croissance extraordinaire.

Il faut dire à la louange du jury qu'il récompensa comme elle le méritait cette heureuse tentative, car il fit nommer l'exposant officier de la Légion d'honneur.

Pour pouvoir bien apprécier à sa juste valeur l'importance des travaux du reboisement des Dunes et des Landes de Gascogne exécutés sous les ordres de cet ingénieur, nous transcrivons textuellement quelques pages du rapport présenté à l'Académie d'Aix, en 1863, par M. Charles de Ribbe. Voici comment cet homme éminent apprécie cette œuvre colossale dans son rapport sur la question forestière :

« Celui qui écrit ces lignes, dit-il, était naguère le témoin » émerveillé, et j'ose dire ému, de ce qui est devenu possible » ailleurs dans une situation en apparence non moins déses· » pérée.

» Qui de vous, Messieurs, n'a entendu parler des Landes, de » leurs sables, de leurs marais, de leurs dunes toujours » mouvantes et toujours plus menaçantes :

» Qui n'a lu les descriptions des voyageurs sur la stérilité » absolue et la dépopulation fatale des immenses territoires » s'étendant aux bords de l'Océan, des embouchures de la » Gironde à celle de l'Adour? La lande nue, désolée, dénudée, » présentant un spectacle semblable à celui de nos Alpes, avec » le contraste des situations.

» Les conditions de sol et de climat étaient très différentes, » les effets étaient les mêmes. Ici les eaux entraînent et portent » à la mer une terre précieuse, là elles la submergeaient et la

» rendaient improductive. Aux abords du golfe de Gascogne,
» l'ennemi est dans l'invasion des sables; sur les versants des
» Alpes, il est dans celle des graviers.

» Les effets étaient les mêmes par des causes et sous des
» formes très opposées. Des deux côtés, il y avait à vaincre
» moralement, sinon matériellement, les mêmes obstacles. On
» ne s'est pas laissé rebuter par ces difficultés dans les Landes,
» et aujourd'hui un tableau bien fait pour inspirer un légitime
» orgueil fournit la démonstration éclatante de la puissance
» providentielle accordée à l'homme sur la nature.

» Il m'a été permis de la contempler de près cette transfor-
» mation de tout un pays. Il m'a été donné de voir, de toucher
» du doigt comment une persistante et courageuse initiative a
» fait servir les moyens les plus simples à créer la vie, là où
» une triste nature offrait l'image de la mort. *Soixante mille*
» *hectares* de dunes boisées et consolidées, *sept cent mille hec-*
» *tares* de landes destinées à être en quelque sorte le réservoir
» inépuisable des plus nombreuses richesses forestières; le pin
» maritime croissant comme par enchantement au milieu des
» sables et leur assurant une valeur que n'ont pas chez nous
» les meilleures terres ensemencées en céréales; les capitaux se
» disputant ce sol jusqu'à ce jour déshérité pour l'assainir, le
» féconder et le peupler, et tout cela dû au vouloir humain qui
» a poursuivi et réalisé un système élémentaire de plantation et
» d'assainissement; tout cela obtenu, malgré une incrédulité
» presque générale dont les efforts de la science éclairée par
» l'expérience ont fini par triompher.

» Cette œuvre de transformation des landes de Gascogne,
» ajoute M. de Ribbe, sera la gloire et l'honneur d'un ingé-
» nieur distingué, M. Chambrelent, qui, joignant la pratique à
» la théorie, a obtenu les plus beaux résultats sur son domaine
» de Saint-Alban, commune de Cestas, près Bordeaux. »

Comme conclusion de cette appréciation si nette et si vraie,
exprimée avec tant de chaleur et dans un langage si élevé par
un homme aussi compétent, nous croyons être l'interprète

de toutes les personnes qui considèrent avec juste raison le reboisement des montagnes comme une question de salut public, en disant : que le seul homme capable de mener à bien et de terminer à bref délai cette œuvre gigantesque, est celui qui a reboisé et consolidé *soixante mille hectares* de dunes et *sept cent mille hectares* de landes.

Nous avons beaucoup hésité, nous l'avouons, avant d'écrire notre manière de comprendre les reboisements; nous ne nous sentions pas la force suffisante et le talent nécessaire pour donner les détails et les explications indispensables à cette grande œuvre d'utilité publique.

En vue du bien, nous avons secoué notre timidité, et nous donnons, tel quel, ce que l'expérience que nous avons pu acquérir nous a démontré d'utile à mettre en lumière.

Aujourd'hui, que nous avons terminé la tâche que nous nous étions imposée, nous venons demander indulgence à nos lecteurs pour l'écrivain sans expérience du style, de la forme agréable, et les prions de considérer seulement le but que nous désirons atteindre.

TABLE DES MATIÈRES

Bordeaux. — Imp. G. Gounouilhou, rue Guiraude, 11.

www.ingramcontent.com/pod-product-compliance
Lightning Source LLC
LaVergne TN
LVHW021810170726
843503LV00007B/3137